水品全秩目錄上卷

水品全秩目錄下卷

樂清沐簫泉
福州南臺泉
桐廬嚴子瀨
姑蘇七寶泉
宜興三洞水
華亭五色泉
金山寒穴泉
余嘗著煮泉小品其取裁于鴻漸茶
經者十有三每閱一過則塵吻生津

自謂可以忘渴也近遊吳興會伯臣
示水品其旨契余者十有三緬視又
新永叔諸篇更入神矣蓋水之美惡
固不待易牙之口而自可辯若必欲
一一第其甲乙則非盡聚天下之水
而品之亦不能無爽也況斯地也茶
泉雙絕且桑苧翁作之于前長谷翁
述之于後豈偶然耶攜鏸弁梓之以
完泉史嘉靖甲寅秋七月七日錢唐

田崇蘅題

徐子伯臣往時曾作唐詩品今又品水豈水之與詩其泠然之聲沖然之味有同流邪予嘗語田子曰吾三人者何時登崑崙探河源聽奏鈞天之洋洋還涉三湘過燕秦諸川相與飲水賦詩以盡品咸池韶濩之樂徐子能復有以許之乎餘杭蔣灼跋

水品全秩目録終

水品全秩卷上

九靈山長徐獻忠著
梅顛道人周履靖校
金陵荊山書林梓行

一源

或問山下出泉曰艮一陽在上二陰在下陽騰爲雲氣陰注液爲泉此理也二陰本空洞處空洞出泉亦理也山中本自有水脉洞壑通貫而無水脉則通氣爲風

山深厚者若大者氣盛麗者必出佳泉水山雖雄大而氣不清越山觀不秀雖有流泉不佳也

源泉實關氣候之盈縮故其發有時而不常常而不涸者必雄長于群峰而深源之發也

泉可食者不但山觀清華而草木亦秀美僊靈之都薄也

瀑布水雖盛至不可食汛激撼盪水味已大變失真性矣瀑字從水從昜蓋有深義也予嘗

攬瀑水上源皆泒流會合處出口有峻壁始
垂挂爲瀑未有单源隻流如此者源多則流
雜非佳品可知
瀑水垂洞口者其名曰簾指其狀也如康王谷
水是也
瀑水雖不可食流至下潭渟滙久者復與瀑處
不類
深山窮谷類有蛟蛇毒沫凡流來遠者須察之
春夏之交蛟蛇相感其精沫多在流中食其清

源或可爾不食更穩

泉出沙土中者其氣盛涌或其下空洞通海脉

此非佳水

山東諸泉類多出沙土中有涌激吼怒如豹突

泉是也豹突水久食生頸癭其氣大濁

汝州水泉食之多生癭驗其水底凝濁如膠氣

不清越乃至此聞蘭州亦然

濟南王府池名珎珠泉者不待拊掌振足自浮

爲珠此氣太盛恐亦不可食

山東諸泉海氣太盛漕河之利取給于此然可
食者少故有聞名甘露淘米茶泉者指其可
食也若洗鉢不過賤用爾其臭泉皂泥泉濁
河等泉太甚不可食矣
傳記論泉源有杞菊能壽人今山中松苓雲母
流脂伏液與流泉同宮豈下杞菊浮世以厚
味奪真氣日用之不自覺爾昔之飲杞水而
壽蜀道漸通外取醯鹽食之其壽漸減此可
証

水泉初發處甚澹發于山之外麓者以漸而甘
流至海則自甘而作鹹矣故汲者持久水味
亦變

閩廣山嵐有熱毒多發于花草水石之間如南
靖沄水坑多斷腸草落英在溪十里內無魚
蝦之類黃岩人顧永主簿立石水次戒人勿
飲閩中如此類非一　天台蔡霞山為省祭時
有語云大雨勿飲溪道傍休嗅草此皆仁人
用心也

水以乳液爲上乳液必甘稱之獨重于他水凡稱之重厚者必乳泉也丙穴魚以食乳液特佳煑茶稍久上生衣而釀酒大益水流千里者其性亦重其能煉雲母爲膏靈長下注之流也

水源有龍處水中時有赤脉蓋其涎也不可犯晉溫嶠燃犀照水爲神所怒可証

二清

泉有滯流積垢或霧翳雲蓊有不見底者大惡

若泠谷澄華性氣清潤必涵內光澄物影斯上品爾

山氣幽寂不近人村落泉源必清潤可食

骨石巉巇而外觀青葱此泉之上乘也若上多而石少者無泉或有泉而不清無不然者

春夏之交其水盛至不但蛟蛇毒沫可慮山墟積腐經冬[illegible]者多流出其間不能無毒雨後澄寂久斯可言水也

泉上不宜有木吐葉落英悉爲腐積其幼爲滾

水垂旋轉吐納亦能敗泉
泉有滓濁須滌去之但為覆屋作人巧者非丘
壑本意
湘中記曰湘水至清雖深五六丈見底了了石
子如樗蒲矢五色鮮明白沙如霜雪赤岸如
朝霞此異境又別有說

三流

水泉雖清映紺寒可愛不出流者非源泉也雨
澤滲積久而澄寂爾

易謂山澤通氣山之氣待澤而通澤之氣待流
而通
老子谷神不死殊有深義源泉發處亦有谷神
而混混不舍晝夜所謂不死者也
源氣盛大則注液不窮陸處士品山水上江水
中井水下其謂中理然井水渟泓地中陰脉
非若山泉天然出也服之中聚易滿煮藥物
不能發散流通忌之可也異苑載句容縣季
子廟前井水常沸涌此當是泉源止深鑿爲

井爾

水記第虎丘石水居三石水雖泓渟皆雨澤之積滲竇之潢也虎丘爲闔閭墓隧當時石工多閟死山僧衆多冢常不能無穢濁滲入雖名陸羽泉與此粉通非天然水脉也道家服食忌與尸氣近若暑月憑臨其上解滌煩襟可也

四甘

泉品以甘爲上幽谷紺寒清越者類出甘泉又

必山林深厚盛麗外流雖近而內源遠者

泉甘者試稱之必重厚其所由來者遠大使然

也江中南零水自岷江發流數千里始澄于

兩石間其性亦重厚故甘也

古稱醴泉非常出者一時和氣所發與甘露芝

草同爲瑞應禮緯云王者刑殺當罪賞錫當

功得禮之宜則醴泉出于闕庭鶡冠子曰聖

王子德上薄太清下及太寧中及萬靈則醴

泉出光武中元元年醴泉出京師唐文皇貞

觀初出西城之陰醴泉食之令人壽考和氣暢達宜有所然

泉上不宜有惡木木受雨露傳氣下注善變泉味況根株近泉傳氣尤速雖有甘泉不能自美猶童蒙之性係于所習養也

五寒

泉水不甘寒俱下品易謂井冽寒泉食可見井泉以寒爲上金山在華亭海上有寒穴諸咏其勝者見郡誌廣中新成縣令泉如冰此皆

其尤也然凡稱泉者未有舍寒冽而著者

溫湯在處有之博物志水源有石流黃其泉溫

可療瘡痍此非食品也黃庭內景湯谷神王

乃內景自然之陽神與地道溫湯相耀列爾

予嘗有水頌云景丹霄之浩露眷幽谷之浮華

瓊醴庶以消憂玄津抱而終老蓋指甘寒也

泉水甘寒者多香其氣類相從爾凡草木敗泉

味者不可求其香也

六品

陸處士品水據其所嘗試者二十水爾非謂天下佳泉水盡于此也然其論故有失得自予所至者如虎丘石水及二瀑水皆非至品其論雪水亦自至地者不知長桑君上池品故在凡水上其取吳松江水故惘惘非可信吳松潮汐上下故無瀦泓若南泠在二石間也潮海性滓濁豈待試哉或謂是吳江第四橋水茲又震澤東注非吳松江水也予嘗就長橋試之雖清激處亦腐梗作土氣全不入品

皆過言也
張又新記淮水亦在品列淮故湍悍滓濁通海
氣自昔不可食今與河合派又水之大幻也
李記以唐州栢岩縣淮水源庶矣
陸處士能辨近岍水非南零非無旨也南零洄
洑淵渟清激重厚臨岸故常流水爾且混濁
迥異嘗以二器貯之自見昔人且能辨建業
城下水況零岸故清濁易辨此非誕也歐陽
大明水記直病之不甚詳悟爾

處士云山水上江水中井水下其山水揀乳泉石池慢流者上其瀑湧湍瀨勿食之久食令人頸疾又多別流于山谷者澄浸不洩自火天至霜郊以前或潛龍蓄毒其間飲者可決之以流其惡使新泉涓涓酌之此論至確但瀑水不但頸疾故多毒沫可慮其云澄寂不洩是龍潭水此雖出其惡亦不可食

論江水取去人遠者亦確井取汲多者止自之泉處可爾井故非品

處士所品可據及不能盡試者並列

蘄州蘭溪石下水

峽州扇子山下有石突然洩水獨清冷狀如龜形俗云蝦蟆口水

廬山招賢寺下方橋潭水

洪州西山東瀑布水

廬州龍池山水

漢江金州上游中零水

歸州玉虛洞下香溪水

商州武關西洛水

郴州圓泉水

七雜說

移泉水遠去信宿之後便非佳液法取泉中子石養之味可無變

移泉須用常汲舊器無火氣變味者更須有容量外氣不干

東坡洗水法直戲論爾豈有汲泉持久可以子石淋數過還味者

暑中取淨子石壘盆盂以清泉養之此齋閤中天然妙相也能清暑長目力東坡有怪石供此殆泉石供也

處士茶經不但擇水其火用炭或勁薪其炭曾經燔爲腥氣所及及膏木敗器不用之古人辨勞薪之味殆有旨也

處士論煮茶法初沸水合量調之以鹽味是又厄水也

水品全秩卷上終

水品全秩卷下

九靈山長徐獻忠著
梅顛道人周履靖校
金陵荊山書林梓行

上池水

湖守李季卿與陸處士論水精劣得二十種以雪水品在末後是非知水者昔者秦越人遇長桑君飲以上池之水三十日當見物上池水者水未至地承取露華水也漢武志慕神

僊以露盤取金莖飲之此上池真水也丹經以方諸取太陰真水亦此義予謂露雪雨冰皆上池品而露爲上朝露未晞時取之栢葉及百花上佳服之可長年不饑續齊諧記司農鄧沼八月朝入華山見一童子以五色囊承取栢葉下露露皆如珠云赤松先生取以明目呂氏春秋云水之美者有三危之露爲水即味重於水也本草載六天氣令人不饑長年美顏色人有急難阻絕之處用之如龜

蛇服氣不死陽陵子明經言春食朝露秋食
飛泉冬食流瀣夏食正陽并天玄地黃是爲
六氣亦言平明爲朝露日中爲正陽日入爲
飛泉夜半爲流瀣此又服氣之精者

玉井水

玉井者諸產有玉處其泉流澤潤久服令人僊
異類云崑崙山有一石柱柱上露盤盤上有
玉水溜下土人得一合服之與天地同年又
太華山有玉水人得服之長生今人山居者

多壽考豈非玉石之津乎

十洲記瀛洲有玉膏泉如酒令人長生

南陽酈縣北潭水

酈縣北潭水其源悉芳菊生被崖水爲菊味盛洪之荊州記太尉胡廣久患風羸常汲飲此水遂瘳抱朴子云酈縣山中有甘谷水其居民悉食之無不壽考故司空王暢太尉劉寬太傅袁隗皆爲南陽太守常使酈縣月送甘谷水四十斛以爲飲食諸公多患風痺及眩

皆得愈

按冦宗奭衍義菊水之說甚怪水自有甘澹焉知無有菊味者嘗官于永耀間沿幹至洪門北山下古石渠中泉水清徹其味與惠山泉水等亦微香烹茶尤相宜由是知泉脉如此

金陵八功德水

八功德水在鍾山靈谷寺八功德者一清二冷三香四柔五甘六淨七不噎八除痾昔山僧法喜以所居之泉精心求西域阿耨池水七

日掘地得之粱以前常以供御池故在峭壁國初遷寶誌塔水自從之而舊池遂涸人以爲異謂之靈谷者自琵琶街鼓掌相應若彈絲聲且志其徙水之靈也陸處士足迹未至此水尚遺品錄予以次上池玉水及菊水者蓋不但諧諸草木之英而已

鍾陰有梅花水手掬弄之滴下皆成梅花此石乳重厚之故又一異景也鍾山故有靈氣而泉液之佳無過此二水

句曲山喜客泉

大茅峰東北有喜客泉人鼓掌即湧沸津津[redacted]散珠昭明讀書臺下拊掌泉亦同此類茅峰故有丹金所產多靈木其泉液宜勝按陶隱居眞誥云茅山左右有泉水皆金玉之津氣又云水味是清源洞遠沾爾水色白都不學道居其土飲其水亦令人壽考是金津潤液之所溉耶今之好遊者多祀岩壑之勝鮮及此也

王屋山玉泉聖水

王屋山道家小有洞天蓋濟水之源源于天壇之巔伏流至濟瀆祠復見合流至溫縣號公臺入于河其流汛疾在醫家去痾如東阿之膠青州之白藥皆其伏流所製也其半山有紫微宮宮之西至望僊坡北折一里有玉泉名玉泉聖水真誥云王屋山僊之別天所謂陽臺是也諸始得道者皆詣陽臺陽臺是清虛之宮下生鮑濟之水水中有石精得而服

之可長生

泰山諸泉

玉女泉在岳頂之上水甘美四時不竭一名聖

水池白鶴泉在昇元觀後水冽而美

王母池一名瑤池在泰山之下水極清味甘美

崇寧間道士劉崇鑿石

此外有白龍池在岳西南其出爲渿河僊臺嶺

南一池出爲汶河桃花峪出爲泮河天神泉

懸流如練皆非三水北也

天書觀旁有醴泉

華山涼水泉

華山第二關即不可登越鑿石竅捕木攀援若猿猱始得上其涼水泉出竇間芳列甘美稍以憩息固天設神水也自此至青牛平入通僊觀可五里爾

終南山澂源池

終南山之陰太乙宮者漢武因山有靈氣立太乙元君祠于澂源池之側宮南三里入山谷

中有泉出奔聲如擊筑如轟雷即激源泒也池在石鏡之上一名太乙湫環以羣山雄偉秀特勢逼霄漢神靈降遊之所止可飲勺取甘不可穢褻蓋靈山之脉絡也杜陵韋曲列居其北降生名世有自爾

京師西山玉泉

玉泉山在西山大功德寺西數百步山之北麓鑿石爲螭頭泉自口出瀦而爲池瑩徹照暎其水甘潔上品也東流入大內注都城出大

通河爲京師八景之一京師所艱得惟佳泉且北地暑毒得少憇泉上便可忘世味爾又西香山寺有甘露泉更佳道險遠人鮮至非內人建功德院幾不聞人間矣

偃師甘露泉

甘泉在偃師東南瑩澈如練飲之若飴又緱山浮丘塚建祠于庭下出一泉澄澈甘美病者飲之即愈名浮丘靈泉

林慮山水簾

大行之奇秀至林慮之水簾爲最水聲出亂石中懸而爲練湍而爲漱飛花旋碧喧豗飄洒其瀦而爲泓者清澈如空纖芥可見坐數十人葢天下之奇觀也

蘇門山百泉

蘇門山百泉者衛源也毖彼泉水詩今尚可誦其地山岡勝麗林樾幽好自古幽寂之士卜築嘯咏可以洗心漱齒晉孫登嵇康宋邵雍皆有陳迹可尋討其光寒湯穆之象聞之且

可惺心況下上其間耶

濟南諸泉

濟南名泉七十有二論者以爆流爲上金線次之珎珠又次之若玉環金虎柳絮皇華無憂及水晶簟皆出其下所謂爆流者又名豹突在城之西南濼水源也其水湧爆而起久食多生頭疾金線泉有紋如金線珎珠泉今王府中不待振足拊掌自然湧出珠泡恐皆山氣太盛故作此異狀也然昔人以三泉品居

上者以山川景象秀朗而言爾未必果在七十二泉之上也有杜康泉者在舜祠西廡云杜康取此醸酒昔人稱揚子中洽水每升重二十四銖此泉止減中冷一銖今爲覆屋而堙或去廡屋受雨露則靈氣宜發也又大明湖發源于舜泉爲城府特秀處繡江發源長白山下二處皆有芰荷洲渚之勝其流皆與濟水合恐濟水隱伏其間故泉池之多如此

廬山康王谷水

陸處士云瀑湧湍漱勿食之康王谷水簾上下
故瀑水也至下潭澄寂處始復其眞性李季
卿序次有瀑水恐托之處士

楊子中泠水

徃時江中惟稱南零水陸處士辨其異于岸水
以其清澈而味厚也今稱中泠徃時金山屬
之南岸江中惟二泠蓋指石簰山南北流也
今金山淪入江中則有三流水故昔之南泠
乃列爲中泠爾中泠有石骨能渟水不流澄

擬而味厚今山僧憚汲險鑿西麓一井代之
輒指爲中冷非也

無錫惠山寺水

何子叔皮一日汲惠水遺予時九月就涼水無變味對其使煮食之大佳也明年予走惠山汲煮陽羨鬭品乃知是石乳就寺僧再宿而歸

州噴霧崖瀑

在蟠龍山飛瀑傾注噴薄如霧宋張商英遊此

題云水味甘腴偏宜煮茗范成大亦以爲天下瀑布第一

萬縣西山包泉

宋元符間太守方澤爲銘以其品與惠山泉相上下轉運張縯詩更挹岩泉分茗碗舊遊彷佛記孤山

雲陽縣有天師泉止自五月江漲時溢出九月卽止雖甘潔淸冽不貴也多喜山雌雄泉分陰陽盈竭斯異源爾

潼川

鹽亭縣西自劍門南來四百里爲負戴山山有飛龍泉極甘美

遂寧縣東十里數峰壁立有泉自岩滴下成穴深尺餘紺碧甘美流注不竭因名靈泉宋楊大淵等守靈泉山即此

鴈蕩龍鼻水

浙東名山自古稱天台而鴈蕩不著今東南勝地輒稱之其上有二龍湫大湫數百頃小湫

亦不下百頃勝處有石屛龍鼻水屛有五色異景石乳自龍鼻滲出下有石渦承之作金石聲皆自然景象非人巧也小湫今爲遊僧開濬成田郡內養蔭龍氣在術家爲龍樓眞氣今泄之山川之秀頓減矣

天目山潭水

浙西名勝必推天目天目者東西各一湫如目也高顛與層霄北近靈景超絕下發清冷與瑶池同勝山多雲母金沙所產吳朮附子靈

壽藤皆異顏何下千杷菊水南北皆有六潭
道險不可盡歷且多異獸雖好遊者不能遍
出深氣早寒九月即閉關春三月方可出入
其迹靈異晴空稍起雲一縷雨輒大至蓋神
龍之窟宅也山居谷汲予有夙慕云

吳興白雲泉

吳興金蓋山故多雲氣乙未三月與沈生子內
晩入山觀望四山繚遶如垣中間田段平衍
環視如在甑中受蒸潤也少焉日出雲氣漸

散惟金蓋獨遲趂不易解予謂氣盛必有佳
泉水乃南陟坡陁見大楊梅樹下汩汩有聲
淸泠可愛急移茶具就之茶不能變其色主
人言十里内蠶絲俱汲此煑之輒光白大售
下注田叚可百畝因名白雲泉云
吳興更有杼山珎珠泉如錢唐玉泉可拊掌出
珠泡玉泉多餌五色魚穢垢山靈爾杼山因
僧皎然夙著

顧渚金沙泉

顧渚每歲採貢茶時金沙泉即涌出茶事畢泉亦隨涸人以爲異元末時乃常流不竭矣

碧琳池 在吳興弁山太陽塢

避暑錄云吾居東西兩泉匯而爲沼纔盈丈溢其餘於外不竭東泉決爲澗經碧琳池然後匯大澗而出兩泉皆極甘不減惠山而東泉尤冽

四明山雪竇上岩水

四明山巔出泉甘冽名四明泉上矣南有雪竇

在四明山南極處千丈岩瀑水殊不佳至上岩約十許里名隱潭其瀑在險壁中甚奇怪心弱者不能一置足其下此天下奇洞房也至第三潭水清泚芳潔視天台千丈瀑殊絕爾天台康王谷人迹易至雪竇甚閟潭又雪竇之閟者世間高人自晦于蓬藋間若此水者豈堪算計耶

天台桐柏宮水

宮前千仞石壁下發一源方丈許其水自下涌

起如珠滿灌甚多水甘冽入品

黃巖靈谷寺香泉

寺在黃巖太平之間寺後石罅中出泉甘冽而香人有名爲聖泉者

麻姑山神功泉

其水清冽甘美石中乳液也土人取以釀酒稱麻姑者非釀法乃水味佳也

黃岩鐵篩泉

方山下出泉甚甘古人欲辟其泛沙置鐵篩其

內因名士夫家煎茶必買此水境內無異者
有宋人潘愚谷詩黃山石八景之意也
樂清縣沐簫泉
沐簫是王子晉遺迹山上有簫臺其水闔境用
之佳品也
福州閩越王南臺山泉
泉上有白石壁中有二鯉形陰雨鱗目粲然貧
者汲賣泉水水清洽可愛土人以南山有白
石又有鯉魚佀甯戚歌中語因傳會戚飯牛

于此

桐廬嚴瀨水

張君過桐廬江見嚴子瀨溪水清冷取煎佳茶以爲愈于南泠水予嘗過瀨其清湛芳鮮誠在南泠上而南泠性味俱重非瀨水及也瀨流瀉處亦殊不佳臺下灣窈廻洑澄渟始是佳品必緣隲上下方得之若舟行捷取亦常然波爾

姑蘇七寶泉

光祿寺左鄧尉山東三里有七寶泉發石間環甃以石形如滿月庵僧接竹引之甚甘吳門故乏泉雖虎丘名陸羽泉予尚以非源水下之顧此水不錄以地僻隱人迹罕至故也

宜興洞水

善權寺前有湧金泉發于寺後小水洞有寶形如偃月深不可測李司空碑謂微時親見白龍騰出洞中蓋龍穴也恐不可食今人有飲者云無害西南至大水洞其前湧泉奔赴石

上濺沫如銀注入洞中出小水洞蓋一源也
張公洞東南至會僊岩其下空洞有泉出焉自
右而邊有聲潺潺可聽
南岳銅官山麓有寺寺有卓錫泉其地卽古之
陽羨產茶獨佳每季春縣官祀神泉上然後
入貢
寺左三百步有飛瀑千尺如白龍下飲滙而爲
池相傳稠錫禪師卓錫出泉于寺而剖腹洗
腸于此今名洗腸池此或巢由洗耳之意或

飲此水可以洗滌腸中穢迹因而得名爾其側有善行洞庵後有泉出石間涓涓不息僧引竹入厨煎茶甚佳天下山川奇怪幽寂莫踰此三洞近溧陽史君恭甫更于玉女潭搜剔水石搆結精廬其名勝殆冠絕雖降僊真可也况好遊人士耶

華亭五色泉

松治西南數百步相傳五色泉士子見之輒得高第今其地無泉止有八角井云是海眼禱

雨時以魚貫鐵符下其中後漁人得之白龍灝井水甘而冽不下泉水所謂五色泉當是此非別有泉也丹陽觀音寺揚州大明寺水俱入處上品予嘗之與八角無異

金山寒穴泉

松江治南海中金山上有寒穴泉按宋毛滂寒穴泉銘序云寒穴泉甚甘取惠山泉並嘗至三四反覆畧不覺異王荊公和唐令寒穴泉詩有云山風吹更寒山月相與清今金山淪

入海中汲者不至他日桑海變遷或仍爲岸
谷未可知也

茶品目錄

八清膏

九傷焙

十辨壑源沙溪

後論

茶品目錄終

茶品要錄

宋建安道人黃儒著

明嘉禾周履靖校梓

總論

說者常怪陸公茶經不第建安之路蓋前此茶事未甚興靈芽真笋往往委翳消腐而人不知惜自國初以來士大夫沐浴膏澤詠歌昇平之日久矣夫俗世灑落神觀冲淡惟茲茗飲爲可園喜林亦相與摘英夸異制捲鬻薪而移時之

好故殊絕之品始得自出乃泰莽之間而其名遂冠天下昔使陸羽復起閱其金餅味其雲腴者當爽然自失矣

因念草木之材一有其瓌偉絕特者來未嘗不遇時而後與況於人乎然士大夫間為珍藏精城之具非會雅好真真未嘗輙出其好事者又嘗論其采制之出入器用冝之否較之試傷災畾於縑素傳也玩于時獨未有補於賞鑒之明爾

蓋園民射利高油其面色品味易辨而難詳予因閲妝之暇爲原采造之得時失較試之低昂次爲十說以終其病題曰品茶要録云

一采造過時

茶事起於驚蟄前其采芽如鷹爪初造曰試焙又曰一火次曰二火三火之茶已次一火炙故市茶芽者惟同出於三火前者爲最尤喜傳寒氣候陰不至凍芽茶尤畏霜寒有造於一火二火皆遇之霜而三火霜霽則三火之茶勝矣

暴不至於暄則穀芽含養約勒而滋味長有慚
采工亦復爲矣
凡試時泛色鮮白隱於薄霧者得於佳時而然
也
有造於積雨者其色昏黃或氣候暴暄茶芽蒸
發采工汗手薰漬揀摘不給矣
製造湏多皆爲常品矣
試時色非鮮白水脚微紅者過時之病也

二白合盜葉

茶之精絶者曰鬬曰亞鬬其次揀芽茶鬬品雖再上薗戶或上一株蓋天材間有特異非能皆然也且物之變勢無窮而人之耳目有盡故造鬬品之家有昔優而今劣前負而後勝者雖人工有至有不至亦造推移不可得而擅也其造一火曰鬬二火曰亞鬬不過十數銙而已揀芽則不然編偷園隴中擇其精英者爾其或貪多務得又滋色澤往往以白合盜葉間之試時色雖鮮白其味澀淡者間白合盜葉之病也

一鷹爪之芽有兩小葉白抱白者盜葉也造揀
芽常而生者合白也新條葉之初生而色駁取
鷹爪而白合不月浼盜葉乎

三入雜

物固不可以容僞況飲食之初尤不可也故茶
有入他草者人號爲入雜銙列柿葉常品入桴
檻葉二葉易致又滋邑澤國民欺售直而爲試
時無栗絞甘香盞面浮散隱如微毛或星星如
纖絮者入雜之病也善茶品者側盞視之所入

之多寡從可知矣嚮上下品有之近雖銙列亦
或勾使

四蒸不熟

穀來初采不過盈相而巳趣時爭新之執然也
既采而蒸既蒸而然研蒸有不熟之病有故熟
之病蒸不熟自雖精芽所損已多試時色青易
沉易爲桃入之氣者不蒸熟病也唯正熟者味
甘香

五過熟

茶芽方蒸以氣爲候視之不可以不謹也試時葉黃而粟紋大者過時之病也然雖過熟愈不熟甘香之味盛也故君謨論色則以青白勝黃白余論味則以黃白勝青白

六焦釜

茶蒸不可以逾久久而過熟又久則湯乾而焦釜之氣上茶上有之新湯以益之是致損茶試時色多昏紅氣焦味惡者焦釜之病也建人號爲熟鍋

七壓黄

茶已蒸者爲黄黄細則已入捲模制之矣蓋明潔鮮明則香色如入故采著品者常於半曉間衝蒙雲霧或以鑵新汲泉懸胸間得必投其中蓋欲鮮也其或日氣烘爍茶芽暴長工力不及其采芽已陳而不及蒸蒸而不及研研或出宿而後製試時色不鮮明薄如壞仰氣者壓黄人也

八清膏

茶餅先黃又如蔭潤者榨不乾也榨欲盡去其膏膏盡則大如乾竹葉之恩惟吾飾首面者故榨不欲乾以利易售試時色雖鮮白其味帶苦者漬高之病也

九傷焙

夫茶本以芽葉之物就之捲模既出卷上荳焙之用火務通令熟郎以芽葉之物就之虛其中以熱火氣然茶民不喜用實炭號爲火以茶餅新溫欲速乾以見售故用火常帶烟焰烟焰既

多稍失看候以顴薰損茶餅試時其色紅氣味帶焦者傷焰之病也

十辨壑源沙溪

壑源沙溪其地相背而中隔一領其勢無數里之遠然茶產頓殊有能出力移栽植之亦爲主土氣所化竊嘗恠茶之爲草爾其勢必猶得地而後異豈水絡地脉偏種粹於壑源豈御焙占此大岡巍隴神物伏護得其餘蔭耶何其甘芳精至而掘擅天下也觀夫春雷一驚筠籠纔起

售者巳擔簦挈橐於其門或先期而散留金錢或茶纔入而筥而爭酬所直故壑源之茶常不足容所求豈有傑猾之園民陰取沙溪茶黃雜就家棬而製之人徒趣其名睨其規模之相若不能源其實者蓋有之矣凡壑源之茶售以十則沙溪之茶售以五其直大率放此然沙溪之園民亦勇以利或雜以松黃飾其首面或肉理怯薄体輕而色黃試時雖鮮白不能久香乏薄而味短者沙溪之品也凡肉理實厚体堅而色

紫試時泛盃儗久香猾而味長者鏊源之品也

後論

余嘗論茶之精絕者其美其色白合未開其細如麥蓋得青陽之清輕者也又其山多帶砂石而號嘉品者皆在山南蓋得朝陽之和者也余嘗事閒乘晷景之明淨適軒亭之瀟灑一取皆品嘗試既而神水生於華池愈甘而親其有助乎然建安之茶散八下者不爲也而得建安之精品不爲彖蓋有得之者不能辨矣或不善於

蒸試善烹試矣或非其時尤不善也况非其賓乎然未有主賢而賓愚者也夫惟知此然後盡之事昔者陸羽號爲之茶然羽之所知者皆今所謂草茶之何哉如鴻漸所論蒸筍并葉謂留其膏蓋茶味短而淡故常恐去膏建茶力號而甘故惟欲去膏又論福建爲未詳往往而之其味極佳由是觀之鴻漸未嘗到長安歟

茶品要錄終

茶寮記

適園無諍居士陸樹聲著

嘉禾梅顛道人周履靖校

園居敞小寮於嘯軒埤垣之西中設茶竈凡瓢汲罌注濯拂之具咸庀擇一人稍通茗事者主之一人佐炊汲客至則茶烟隱隱起竹外其禪客過從予者每與余相對結跏趺坐啜茗汁舉無生話終南僧明亮者近從天池來餉余天池苦茶授余烹點法甚細余嘗受其法於陽羨士

人大率先火候其次候湯所謂蟹眼魚目叅沸沫沉浮以驗生熟者法皆同而僧所烹點絕味清乳面不黟是具入清淨味中三昧者要之此一味非眠雲跂石人未易領略余方遠俗雅意禪棲安知不因是遂悟入趙洲耶時杪秋既望適園無諍居士與五臺僧演鎮終南僧明亮同試天池茶於茶寮中謾記

煎茶七類

一人品

煎茶非漫浪要須其人與茶品相得故其法每傳於高流隱逸有雲霞泉石磊塊胸次間者

二品泉

泉品以山水為上次江水井水次之井取汲多者汲多則水活然須旋汲旋烹汲久宿貯者味減鮮冽

三烹點

煎用活火候湯眼鱗鱗起沫餑鼓泛投茗器中初入湯少許俟湯茗相投卽滿注雲脚漸開乳

花浮面則味全葢古茶用團餅碾屑味易出葉
茶驟則乏味過熟則味昏底滯

四嘗茶

茶入口先灌漱須徐啜俟甘津潮舌則得真味
雜他果則香味俱奪

五茶候

涼臺靜室明窓曲几僧寮道院松風竹月晏坐
行吟清譚把卷

六茶侶

翰卿墨客緇流羽士逸老散人或軒冕之徒超
軼世味

七茶勳

除煩雪滯滌醒破睡譚渴書倦是時茗椀策勳
不減凌烟

附

龍坡山子茶

開寶中竇儀以新茶飲予味極美奩面標云龍坡山子茶龍坡是顧渚之別境

聖楊花

吳僧梵川誓願然頂供養雙林傅大士自往蒙頂山茶凡三年味方全美得絕佳者聖楊花吉祥蕋共不踰五觔持歸供獻

湯社

和凝在朝率同列遞日以茶相飲味劣者有罰號爲湯社

縷金耐重兒

有德建州茶膏作取耐重兒八枚膠以金縷獻于閩王曦

乳妖

吳僧文子善烹茶子游荆南高保勉白于季興延置紫雲庵日試其藝保勉父了呼了呼爲湯神奏授華定水大師上人目乳妖

清人樹

僞閩甘露堂前兩株茶欝峩婆娑宮人呼爲清人樹每春初嬪嬙戲擿採新芽堂中設傾筐會

玉蟬膏

大理徐恪見貽鄉信鋌子茶茶面印文曰玉蟬膏一種曰清風使恪建人也

森伯

湯悦有森伯頌蓋茶也方飲而生然嚴乎齒牙旣久四肢森然

水豹囊

豹革爲囊風神呼吸之具也煑茶吸之可以滌滯思時起清風每引此義稱茶爲水豹囊

不夜候

胡嶠飲茶詩曰沾芽舊姓余甘氏破睡當封不夜候竒哉

鷄蘇佛

猶子彛年十二歲予讀胡嶠詩因令傚法之近脫成篇有云生凉好喚鷄蘇佛回味宜稱橄欖

仙然爇之亦文詞之有基址者也

冷面草

符昭遠不喜茶曰冷面草此物面目冷了無和美之態心可謂冷面草也

晚甘侯

孫樵送茶與焦刑部書云晚甘侯十五人遣侍齋閣此徒皆請雷而摘拜水而和蓋建陽丹山碧水之鄉月澗雲龕之品愼物賤用之

生成盞

饌茶而幻出物象于湯面茶匠通神之藝也沙門福全生於茶海能注湯幻茶成一句詩並點四甌共一絕句泛湖湯表小小物類唾手辦爾擅日自造門求觀湯戲全自味曰生成盞裏水丹青

茶百戲

茶至唐始盛近世有下湯運七別施妙訣使湯紋水脉成物象者禽獸虫魚花草之屬纖巧如畫但須臾即就散滅此茶之變也時人謂茶百

戲

漏影春

漏影春法用鏤紙貼盞糝茶而去紙僞爲花別以荔肉爲葉松實鴨脚之類彌物爲蕋沸湯點攪

甘草癖

宣城何子華邀客酒半出嘉陽嚴峻畫陸鴻漸象於華因言前世惑駿逸者爲癖泥貫索者爲錢癖耽於子息者爲覺兒癖耽於褒貶者爲左

癖傳若此客者溺於茗事將何以名其癖楊粹仲曰茶至珍蓋未離乎草也草中之甘無出茶上者宜追目陸氏爲甘草癖坐客曰允矣哉

苦口師

皮先輩最躭茗事一日中表請嘗新柑纔至呼茶甚急逕進一巨甌題詩曰未見柑心氏先迎苦口師

茶寮附 終

湯品目錄

湯品目錄終

湯品

嘉禾梅顛道人周履靖梓

十六湯品

蘇廙仙芽傳載作湯十六品以為湯者茶之司命若名茶而濫湯則與凡末同調矣煎以老嫩言者凡三品注以緩急言者凡三品以器標者共五品以薪論者共五品

第一品得一湯

火績已儲水性乃盡如斗中米稱上魚高低適

平無過不及爲度蓋一而不偏雜者也天得一以清地得一以寧湯得一可建湯勳

第二品嬰湯

薪火方交水釜纔熾急取旋傾若嬰兒之未孩欲責以壯夫之事難矣哉

第三品百壽湯 一名白髮湯

人過百息水踰十沸或以話阻或以事廢始取用之湯已失性矣敢問皤鬢蒼顏之大老還可執弓搖矢以取中乎還可雄登闊步以邁遠乎

第四品中湯

亦見夫鼓琴者也聲合中則意妙亦見夫磨墨者也力合中則矢濃聲有緩急則琴亾力有緩急則茶敗欲湯之中臂任其責

第五品斷脉湯

茶已就膏宜以造化成其形若手顫臂嚲惟恐其深缾觜之端若存若忘湯不順通故茶不勻粹是猶人之百脉氣血斷續欲壽奚獲苟惡斃宜逃

第六品大壯湯

力士之把針耕夫之握管所以不能成功者傷於麄也且一甌之茗多不二錢茗盞量合宜下湯不過六分萬一快瀉而深積之茶安在哉

第七品富貴湯

以金銀爲湯器惟富貴者具焉所以策功建湯業貧賤者有不能遂也湯器之不可捨金銀猶琴之不可捨桐墨之不可捨膠

第八品秀碧湯

石凝結天地秀氣而賦形者也琢以爲器秀猶在焉其湯不良未之有也

第九品壓一湯

貴欠金銀賤惡銅鉄則甆瓶有足取焉幽士逸夫品色尤宜豈不爲瓶中之壓一乎然勿與誇珍衒豪臭公子道

第十品纏口湯

猥人俗輩煉水之器豈暇深擇銅鐵鉛錫取熱而已夫是湯也腥苦且澁飲之逾時惡氣纏口

而不得去

第十一品減價湯

無油之瓦滲水而有土氣雖御胯宸緘且將敗德銷聲諺曰茶瓶用瓦如乘折脚駿登高好事者幸誌之

第十二品法律湯

凡木可以煮湯不獨炭也惟沃茶之湯非炭不可在茶家亦有法律水忌停薪忌薰犯律踰法湯乖則茶殆矣

第十三品一面湯

或柴中之麩火或焚餘之虛炭本体雖盡而性且浮性浮則有終嫩之嫌炭則不然實湯之友

第十四品宵人湯

茶本靈草觸之則敗糞土雖熱惡性未盡作湯泛茶減好香味

第十五品賊湯 一名賤湯

竹篠樹梢風日乾之燃鼎附瓶頗甚快意然体性虛薄無中和之氣爲湯之殘賊也

第十六品魔湯

調茶在湯之淑慝而湯最惡烟燃柴一枝濃烟蔽室又安有湯耶又安有茶耶所以爲大魔

湯品終

書名：《水品全秩》《茶品要錄》《茶寮記》《湯品》合刊
系列：心一堂•飲食文化經典文庫
原著：【明】徐獻忠、【宋】黃儒、【明】陸樹聲
主編•責任編輯：陳劍聰

出版：心一堂有限公司
通訊地址：香港九龍旺角彌敦道六一〇號荷李活商業中心十八樓〇五一〇六室
深港讀者服務中心：中國深圳市羅湖區立新路六號羅湖商業大厦負一層〇〇八室
電話號碼：(852) 67150840
網址：publish.sunyata.cc
淘宝店地址：https://shop210782774.taobao.com
微店地址：　https://weidian.com/s/1212826297
臉書：　　　https://www.facebook.com/sunyatabook
讀者論壇：　http://bbs.sunyata.cc

香港發行：香港聯合書刊物流有限公司
地址：香港新界大埔汀麗路36號中華商務印刷大廈3樓
電話號碼：(852) 2150-2100
傳真號碼：(852) 2407-3062
電郵：info@suplogistics.com.hk

台灣發行：秀威資訊科技股份有限公司
地址：台灣台北市內湖區瑞光路七十六巷六十五號一樓
電話號碼：+886-2-2796-3638
傳真號碼：+886-2-2796-1377
網絡書店：www.bodbooks.com.tw
心一堂台灣國家書店讀者服務中心：
地址：台灣台北市中山區松江路二〇九號1樓
電話號碼：+886-2-2518-0207
傳真號碼：+886-2-2518-0778
網址：http://www.govbooks.com.tw

中國大陸發行　零售：深圳心一堂文化傳播有限公司
深圳地址：深圳市羅湖區立新路六號羅湖商業大厦負一層008室
電話號碼：(86)0755-82224934

版次：二零一七年九月初版，平裝

心一堂微店二維碼　心一堂淘寶店二維碼

定價：港幣　九十八元正
　　　新台幣　三百九十八元正

國際書號 ISBN 978-988-8317-76-9